百角文库

生命进行曲

方宗熙　江乃萼　编著

中国少年儿童新闻出版总社
中国少年儿童出版社

北　京

图书在版编目（CIP）数据

生命进行曲 / 方宗熙，江乃萼编著. -- 北京：中国少年儿童出版社，2024.1（2024.7重印）
（百角文库）
ISBN 978-7-5148-8423-4

Ⅰ. ①生… Ⅱ. ①方… ②江… Ⅲ. ①生命科学 – 青少年读物 Ⅳ. ① Q1-0

中国国家版本馆 CIP 数据核字 (2023) 第 254091 号

SHENG MING JIN XING QU
（百角文库）

出 版 发 行：中国少年儿童新闻出版总社
中国少年儿童出版社

执行出版人：马兴民

丛书策划：马兴民　缪　惟
丛书统筹：何强伟　李　橦
责任编辑：李　华
责任校对：杨　雪
责任印务：厉　静
美术编辑：徐经纬
装帧设计：徐经纬
标识设计：曹　凝
插　　图：晓　劼
封 面 图：晓　劼

社　　址：北京市朝阳区建国门外大街丙 12 号
邮政编码：100022
编 辑 部：010-57526336
总 编 室：010-57526070
发 行 部：010-57526568
官方网址：www.ccppg.cn

印刷：河北宝昌佳彩印刷有限公司

开本：787mm × 1130mm　1/32
印张：3.5
版次：2024 年 1 月第 1 版
印次：2024 年 7 月第 2 次印刷
字数：40 千字
印数：5001-11000 册

ISBN 978-7-5148-8423-4
定价：12.00 元

图书出版质量投诉电话：010-57526069　　电子邮箱：cbzlts@ccppg.com.cn

序

提供高品质的读物，服务中国少年儿童健康成长，始终是中国少年儿童出版社牢牢坚守的初心使命。当前，少年儿童的阅读环境和条件发生了重大变化。新中国成立以来，很长一个时期所存在的少年儿童“没书看”“有钱买不到书”的矛盾已经彻底解决，作为出版的重要细分领域，少儿出版的种类、数量、质量得到了极大提升，每年以万计数的出版物令人目不暇接。中少人一直在思考，如何帮助少年儿童解决有限课外阅读时间里的选择烦恼？能否打造出一套对少年儿童健康成长具有基础性价值的书系？基于此，“百角文库”应运而生。

多角度，是“百角文库”的基本定位。习近平总书记在北京育英学校考察时指出，教育的根本任务是立德树人，培养德智体美劳全面发展的社会主义建设者和接班人，并强调，学生的理想信念、道德品质、知识智力、身体和心理素质等各方面的培养缺一不可。这套丛书从100种起步，涵盖文学、科普、历史、人文等内容，涉及少年儿童健康成长的全部关键领域。面向未来，这个书系还是开放的，将根据读者需求不断丰富完善内容结构。在文本的选择上，我们充分挖掘社内“沉睡的”“高品质的”“经过读者检验的”出版资源，保证权威性、准确性，力争高水平的出版呈现。

通识读本，是“百角文库”的主打方向。相对前沿领域，一些应知应会知识，以及建立在这个基础上的基本素养，在少年儿童成长的过程中仍然具有不可或缺的价值。这套丛书根据少年儿童的阅读习惯、认知特点、接受方式等，通俗化地讲述相关知识，不以培养“小专家”“小行家”为出版追求，而是把激发少年儿童的兴趣、养成正确的思考方法作为重要目标。《畅游数学花园》《有趣的动物语言》《好大的地球》《看得懂的宇宙》……从这些图书的名字中，我们可以直接感受到这套丛书的表达主旨。我想，无论是做人、做事、做学问，这套书都会为少年儿童的成长打下坚实的底色。

中少人还有一个梦——让中国大地上每个少年儿童都能读得上、读得起优质的图书。所以，在当前激烈的市场环境下，我们依然坚持低价位。

衷心祝愿“百角文库”得到少年儿童的喜爱，成为案头必备书，也热切期盼将来会有越来越多的人说“我是读着‘百角文库’长大的”。

是为序。

马兴民

2023 年 12 月

目　录

古老的鱼

鱼的种类很多，大多数历史不长，只有几十万年或者几百万年。但是也有例外。

1938 年的一天，印度洋里有条渔船，在靠近非洲东海岸较深的海里，捕到一条奇怪的鱼。

渔民们从来没有见过这么奇怪的鱼，它大约一米半长，长得倒不难看，全身钢青色，眼睛深蓝色。最特别的是它身子下面的鳍长得很

大，有点儿像腿。

这条鱼离了水，只活了 4 个来小时。船长觉得这的确是一条特别的鱼，在科学上或许有什么研究价值。所以船一靠岸，他就给博物院的管理员拉蒂迈去了一封信。可是那个季节，非洲正酷热难当，这条鱼已经开始腐烂了。

拉蒂迈看了这条鱼，也认为这是一种新奇的玩意儿，应当好好保存下来，给科学家去观察，去研究。她请了一位专门做标本的人，把这条怪鱼的皮剥了下来，塞进些草，做成一个标本。她想，这条怪鱼一定是个新发现的种类，因此用自己的名字来称呼这条鱼，叫它作“拉蒂迈鱼”。现在通常叫作矛尾鱼。

但是真糟糕，当时没有人知道这条怪鱼的重要性。要是知道的话，一定会想法子把它身上的每一个部分都保存下来。可是结果呢，只留下一张皮，一个头颅，还有几块零碎的骨头。

这条新奇的鱼，实际上是人们所捕到的一种很古老的鱼。说它“古老”，并不因为它已经活了20年、50年，或者100年；而是说，它几乎和3亿年以前生活的一种鱼一模一样。

后来，人们在那个海区的深水里，又捕到几条相似的怪鱼，进一步肯定了先前的发现。

矛尾鱼有什么特点呢？

最引人注意的特点是，它跟远古时代的总鳍鱼一样，长着独特的胸鳍和腹鳍。这些鳍的内部骨骼，跟青蛙等两栖动物的四肢骨骼很相似。此外，它还有能呼吸的鳔。

古生物学告诉我们，总鳍鱼是一类古老的鱼，是两栖类的祖先。它们在发展中分为两支：一支登陆生活，演变成两栖类，例如青蛙；一支留在海洋，也逐渐演变，大部分种类灭绝了，矛尾鱼就是这一支的一个代表。

在很久很久以前，气候温暖潮湿，树木葱郁茂盛。在一望无际的沼泽地带，生活着很多种类的总鳍鱼。就在那个时候，有一部分总鳍鱼爬上了陆地，成为两栖类的祖先，发展成为陆上的脊椎动物。

后来，地球上起了很大的变动，山崩地裂，气候变得干燥而寒冷。河流和池塘开始干涸，许多淡水鱼都死绝了。人们猜想，总鳍鱼也在那个时候灭绝了。所以，1938 年发现拉蒂迈鱼，人们十分惊奇。

万物皆变

恐龙是另一类脊椎动物，现在已经绝迹了。遍身长毛的犀牛和牙齿像剑一样的老虎，这些哺乳动物也已经绝迹了。在动物园里，你也找不着一只活的古象，新的动物已经代替它们兴盛起来了。科学的说法，就是在生命演化的进程中产生了新种的生物，简称新种。这就是生物进化，也就是生物界的推陈出新。

在自然界里，每一件东西都在持续不断地变化。有些变化是我们能亲眼看到的，例如：冰融化为水，水蒸发为蒸汽；苹果花长成苹果；鸡蛋孵化出雏鸡，又长成羽毛丰满的鸡……你还可以看到你自己身体的变化，从婴儿到幼儿，到儿童，如今已经成为少年了。

向周围看看，你还能看出许多别的变化。

地球也都在变。你也许观察过山坡上的小路。每年雨水冲走地面上一些泥土，渐渐成了一条沟。千百万年的风吹雨打，能将高山削低，成为小坡。

就是气候也不是不变的。有些地方的冬天慢慢地变得暖和了。据科学家考证，300 万年以来，北京地区和北半球的许多地区发生过 4 次冰期。在冰期中，到处冰天雪地，非常寒冷。

一年之中，植物和动物的变化是很大的。农民在春天播下的种子，到了夏天便成了我们吃的蔬菜。一条蚕作茧自缚，过了两个来星期，从茧里钻出来，已经长成一只蛾了。4 月里还是个灰色的蝌蚪，拖着一条长尾巴，并没有腿，到了 7 月，它便变成四条腿的青蛙，后腿强劲有力，尾巴却没有了。

然而，植物和动物有许多变化，是我们觉察不到的。有些科学家就在调查研究这些变化和变化的原因，并且把这些变化的故事讲给我们听。

微细到看不见

衣服穿久了，磨损会越来越大。你的皮肤，你的舌头，你的胃，还有你身体上的其他器官，跟衣服一样也不断地在消耗，然而并没有明显的变化。这是怎么回事呢？

原来你的身体是由几十万亿个细胞构成的。这些细胞大部分跟衣服上的纤维一样，也要被消耗掉。可是动物身体的变化另有特点：老的细胞消耗了，就有新的细胞产生出来。你每一秒钟有1000万个红细胞被破坏掉，同时又有1000万个新的红细胞替代了它们。

除非用显微镜，你决不能看到一个老的细胞消耗掉,也不能看到一个新的细胞成长起来。在人的身体里，最大的细胞要数卵细胞，它的直径也不过是1厘米的15‰，单凭人眼很难看清楚它。

有些变化又是如此之小，即使用最好的显微镜也看不出。科学家从变化的结果来推测，可以知道确实是有这些变化的。正如你看到有一个球被投进篮筐，虽然没有看见投球的人，但也知道一定有人在投这个球。科学家知道，我们细胞里的物质处在一种持续不断的变化过程中，这种过程就叫作“新陈代谢”，意思就是推陈出新。我们身体的生命物质一直处在消耗和破坏之中，同时也处在建造和新生之中，这是生命过程中的对立统一。

缓慢到看不出

有些变化进行得极其缓慢，以至于我们在短时间内完全看不出。物种的变化就是这样。可是通过观察古生物的遗骸或化石，科学家还是能推测出一定发生过什么变化。

现在生活在世界上的，差不多有150万种不同的植物和动物。这些物种各不相同。假如拿它们现在的照片和50年前同一种植物或动物的照片相比，你看不出有什么不同。从秦始皇墓地挖掘出来的两千多年前的陶马，和现在的马没有什么两样。而我们现在的麦种，也在上千年前的坟墓中发现过。几千年来，麦子还是麦子，马也还是马。

如果把年代拉得更远更远，远到几亿年前，那么现在的植物和动物像它们祖先的就非常少，除了拉蒂迈鱼之类。在这漫长的年代里，大多数物种都发生了很大变化，很难看出它们和祖先有什么相像的地方。请看下页的图，你就可以看出原始的马和现代的马相比，它们的差异是多么惊人，特别是脚趾骨的变化。

我们今天的每一个物种，都是由某一个另外的物种一点一点变化而来的。这些变化非常缓慢，有的甚至要花几百万年的时间。从地球上出现单细胞生物起，直到出现人类，一共经过了至少 33 亿年。

如果把物种的演变过程拍成一部电影，就叫《生命进行曲》，用一分钟来表现 3000 万年之间的变化，那么从最初的单细胞生物开始，

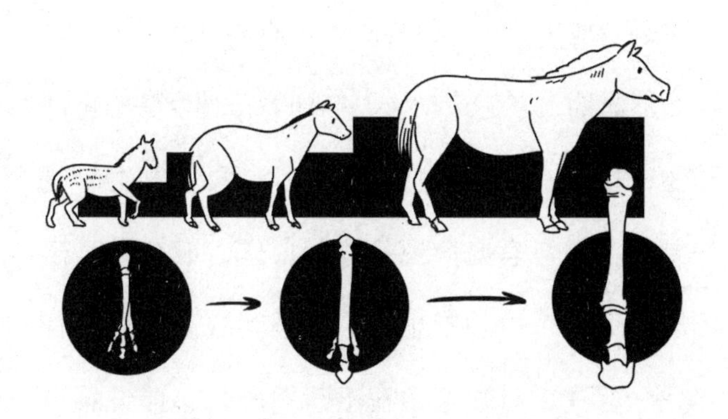

一直看到现代人种出现，我们必须在电影院里坐上 1 小时 50 分钟。

但是，这部《生命进行曲》还很不完整，前头还缺了一大截。最初的单细胞生物并不是突然出现的。在它们之前，地球上早就有了有生命现象的微小物体，也就是自己能进行新陈代谢的蛋白体。人们现在认为，蛋白体的主要成分是蛋白质和核酸。

我们知道，蛋白质是结构非常复杂的化合物，尽管这样，科学家目前已经能够用人工的方法来合成了。至于最初的蛋白质在自然界中是怎么形成的，它们最初又怎样和另一种复杂的化合物——核酸，结合成为蛋白体，表现出生命现象的？这些有生命现象的蛋白体，最初又怎样形成第一个单细胞生物？这些问题现在还没有完全解决，科学家还在不断地研究和探讨。

我们回到电影院里来，看这部缺了上集的《生命进行曲》吧。开头，我们看到的是单细胞生物，它们渐渐变得复杂起来，出现了各种不同的形状，发展成为最简单的植物和动物。这时候，这部电影已经演过了一半。接着，我们看到海洋里出现了低等植物和低等动物，后来又出现了鱼，有的鱼爬上岸来。这时候，植物早就上了陆地。爬上岸的鱼，有的变成了两栖类动物，接着又出现了爬行类动物。最大的爬行类动物是恐龙，它们占了大约 5 分钟的时间，然后出现了哺乳类动物。早期猿人，要在电影结束之前的五六秒钟才出现在银幕上。等到现代人类刚一出场，银幕上立刻映出两个大字："再见！"

这部电影告诉我们：现代所有的植物和动物无论怎样不同，它们都是亲戚，都来自共同

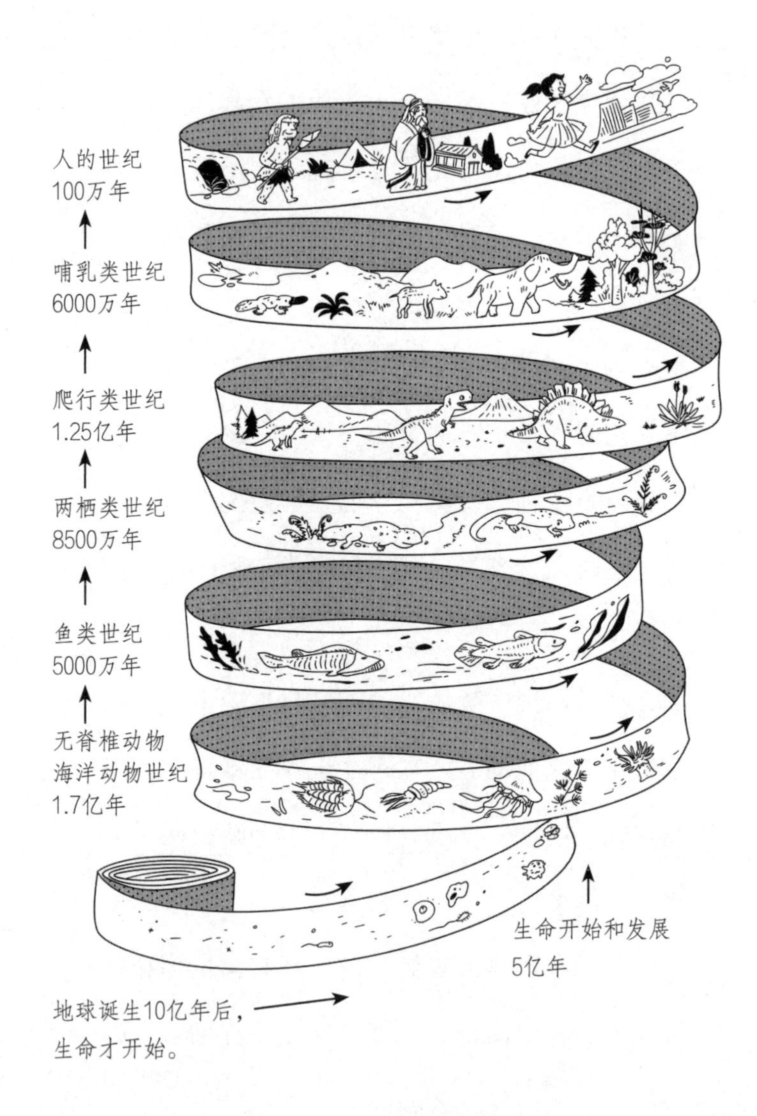
人的世纪
100万年
哺乳类世纪
6000万年
爬行类世纪
1.25亿年
两栖类世纪
8500万年
鱼类世纪
5000万年
无脊椎动物
海洋动物世纪
1.7亿年
生命开始和发展
5亿年
地球诞生10亿年后，
生命才开始。

的祖先，都属于一个家族系统。这样从一个物种变到另一物种的缓慢演变，就是生物进化，简称进化。因而凡是生命，都有共同的物质基础：生命是同一的。

家族系统

你可以画一张表，表明你和兄弟姐妹、叔伯、姑姑、祖父、曾祖父等之间的家属关系。

科学家给各类生物也画了一张家谱——物种体系表，来表明各种不同的植物和动物彼此间的血统关系。要把现在生活在世界上的150万种动物植物都画出来，这么一张小纸当然容不下。我们只能截取一小部分，印在后面的第18~19页上，来表现人类和其最近的亲属——各种脊椎动物之间的关系。至于什么叫“脊椎动物”，我们在后边就要讲到。

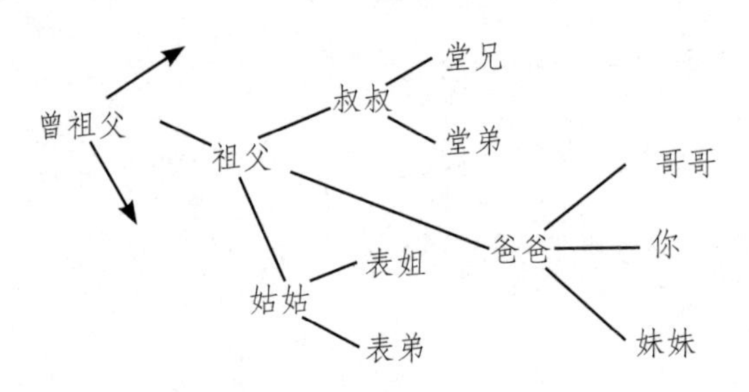

正跟在你的家谱表上可以找到你和叔伯兄弟的共同祖先一样，在物种的体系表上，你也可以找到不同物种的共同祖先。例如你从人和黑猩猩开始，向前找去，就会在古猿那儿得到会合点，古猿就是人和黑猩猩的祖先。这些古猿，大概生活在两三千万年以前。我们怎么会知道它们的存在呢？因为在许多地方都发现了它们的骨骼。从这张表上，你可以看出人既不是来自黑猩猩，黑猩猩也不是来自人；人和黑猩猩都是从古猿这个共同祖先传下来的。

请注意：人和黑猩猩这两个分支，比人和

猴子这两个分支更为接近。在分支上，两个物种越是接近，它们之间的亲属关系也更为密切。人和黑猩猩，比人和猴子的血统关系要近些。鸟类和爬行类，比鱼类和灵长类的关系要近些。你自己不妨按着图，去找找某些动物之间的亲属关系。

怎么知道的

前面说过，进化这种变化进行得如此缓慢，以至于我们一般很难察觉。那我们怎么知道这种变化的确在进行呢？鸟和鱼完全不同，我们又根据什么，说它们彼此有血统关系呢？

一百多年前，人们大都还认为，不论哪一种植物和动物，从开头就是现在的样子，它们之间也没有什么相互的血统关系。虽然有少数

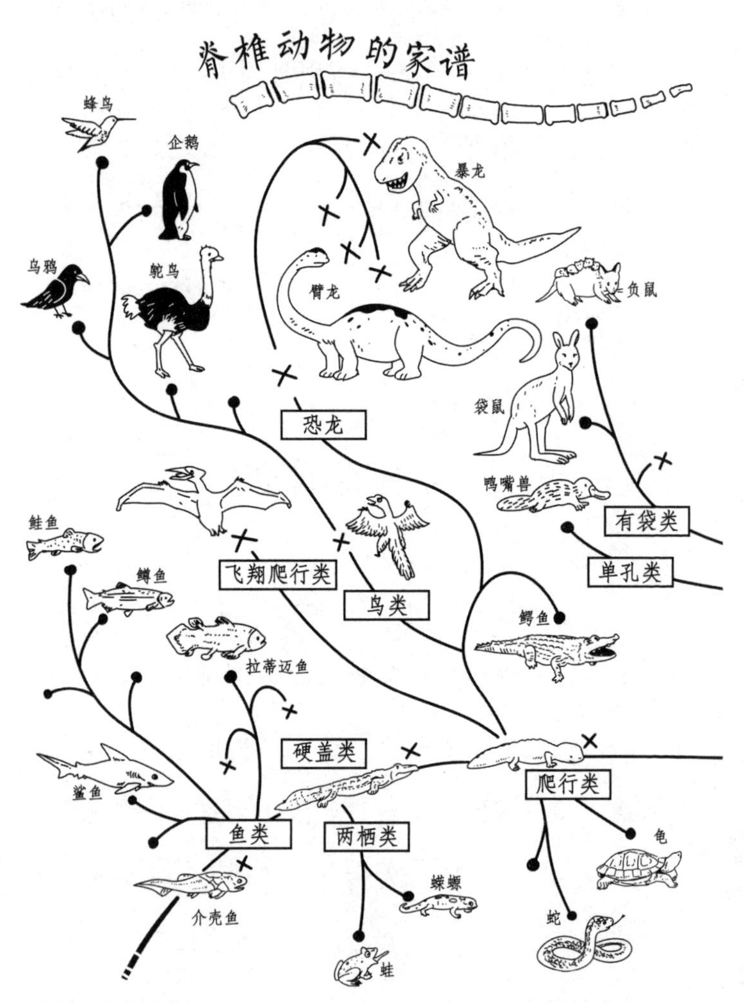
脊椎动物的家谱
蜂鸟
企鹅
暴龙
乌鸦
鸵鸟
腕龙
负鼠
袋鼠
恐龙
鸭嘴兽
有袋类
鲑鱼
飞翔爬行类
单孔类
鳟鱼
鸟类
鳄鱼
拉蒂迈鱼
硬盖类
爬行类
鲨鱼
鱼类
两栖类
龟
蝾螈
介壳鱼
蛇
蛙
此支以下是无脊椎动物

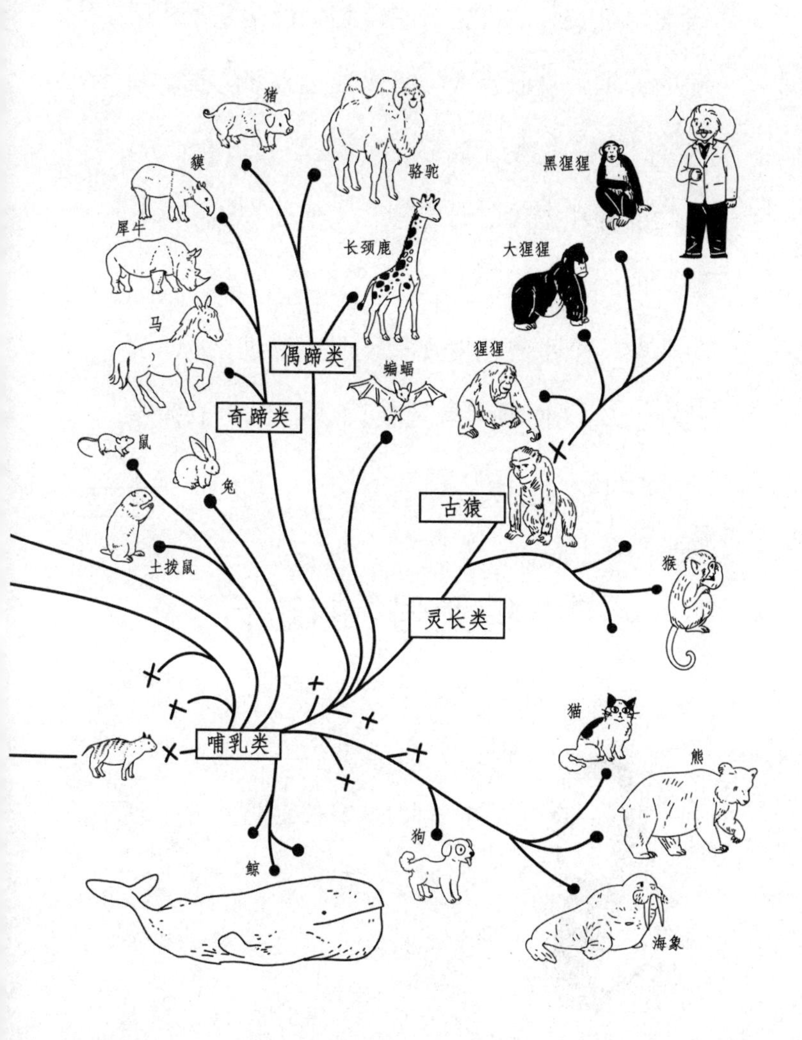
猪
骆驼
貘
人
黑猩猩
犀牛
长颈鹿
大猩猩
马
偶蹄类
猩猩
蝙蝠
奇蹄类
鼠
兔
古猿
土拨鼠
猴
灵长类
猫
哺乳类
熊
狗
鲸
海象

人提出过类似“进化”的设想，但是拿不出足够的证据来说服别人。后来经过许多方面的研究，例如古生物的研究、生物地理分布的研究、生物变异和遗传的研究等，人们才知道了生物进化的大体过程。

第一个系统地发现和证明生物进化的人是达尔文。这位科学家是英国人，生在 1809 年 2 月 12 日。

“小猎犬号”的航行

在达尔文上学的时候，中学里还不教自然科学。达尔文喜欢在户外采集植物、观察动物，可老师偏偏要他待在房子里学作古诗。他最

不喜欢这门功课，成绩很坏，以致触怒了父亲。有一次父亲骂他：“你什么事都不管，成天就知道打猎、玩狗、捉耗子，简直玷辱了你自己和咱家的门庭。”

父亲决定叫达尔文当个医生，把他送到医学院去学医。可是不久又证明，年轻的达尔文对医学也不感兴趣。父亲又想叫他成为一个牧师，把他送到剑桥大学学神学。可是他除了对打猎和博物学有兴趣以外，其他事务都不放在心上。博物学就是当时自然科学的总称。

达尔文毕业的时候，恰好有一条英国皇家的海洋调查船“小猎犬号”，要出发环航世界，测定贸易路线，寻找殖民地。

达尔文的一位老师倒比他父亲更了解他，督促他去申请在“小猎犬号”上当一名博物学者。“小猎犬号”的船长有个特殊的见解，认为一个人的性格，是可以从鼻子的形状来判断的。他说他看了达尔文的鼻子，就知道这个青年没有多大的精力和决心来从事这次航行，不愿意接受他。不过船长最后还是勉强同意了，答应把自己的房舱让出一部分来给达尔文住，但是不给薪水。到后来，他们俩成了要好的朋友，这位船长才承认他那关于鼻子的见解是完全不对的。

“小猎犬号”于 1831 年 12 月 27 日从英国启帆出发了，达尔文在这只船上生活了将近 5 年，对寻找殖民地，他丝毫不感兴趣。每航行到一个地方，他就尽量采集岩石、植物和动物的标本，还写了许多笔记。他从世界各地搜集到的事实越多，就越相信自然界里的事物不能用老观念来解释。那个老观念就是：物种是上帝创造的，物种是不变的，各个物种互不关联，彼此没有血统关系。

什么使达尔文惊讶

“小猎犬号”在南美洲西岸的加拉帕戈斯群岛驶进驶出。在那里，达尔文注意到一件特别而且重要的事情：这些岛上的动植物虽然跟南美大陆上的都很相像，但是大多数属于不同的物种。他看出一个岛上生长的鸟，和另一个岛上生长的鸟几乎一样，但是并不完全一样：它们的羽色、叫声、巢和卵等，都有种种差异。在岛上，他至少采集了 23 种不同的鸟，都是新种，没有一种是在大陆上发现过的。岛上的

蝴蝶也和大陆上的很相似，但是要小得多。

他又看到只有在加拉帕戈斯才有的两种巨大的龟，有的长得真大，要8个人才抬得动。他又发现当地人一眼就可以看出哪只龟是从哪一个岛游来的。

所有这些相似点与相异点，一定是有道理的。达尔文在他的日记里这样写着："这使我感到惊讶。"

达尔文观察得越多，就越感到惊讶，也就越认为其中的奥秘无法用物种不变的老观念来说明，而只可能有另一种解答。

怎样解答呢？

如果承认物种是可以变的，如果承认不同物种有共同的祖先，那么它们的相似和相异便很容易明白了。达尔文认为：在某一个时候，岛上物种的祖先一定是从大陆上来的。后来经过了长期的变化，两地的物种才逐渐地变得彼此不同了。

线索——更多的线索

“小猎犬号”回到英国，达尔文就开始写他的《物种起源》第一稿。在以后的20年内，他一本一本地写下去，全都是他自己和别人发现的关于生物世界的事实。这些事实都引出一个结论：所有不同种类的生物都是由共同的祖先传下来的。

这就是进化论。

达尔文总结了当代的科学成就，在历史上第一次让人们相信，进化论是对的。他成功的原因有两个：第一，他搜集了大量的事实，将它们贯穿综合起来，得出了唯一的结论——生物不是上帝创造的，不是不变的，而是可变的；第二，他不仅宣布进化论是真理，而且还说明进化是怎样进行的。这就是我们下面要谈到的自然选择学说。

达尔文那部伟大的著作《物种起源》，于1859年出版。现在，人们又发现了一些新的有关进化论的事实，特别是在遗传学方面。这些事实，使我们对于自然选择进行的方式，了解得更为全面。

它们的样子相似

有血统关系的生物，也就是说有亲属关系的生物，它们彼此很像。血统关系越密切，它们就越像。

有没有人说过，你有点儿像你的兄弟姐妹，或者像你的堂兄弟姐妹、表兄弟姐妹？你有没有注意过，同一个家族的人都多少有些相像？

请看下面的骨骼图，左上角是青蛙，右边是人，两副骨骼不是大体上有点儿像吗？注意看头骨、手臂、腿骨和脊柱——特别是脊柱。这就是说，人和青蛙都属于脊椎动物这一个大家族。

人和青蛙并不是很近的亲戚，因为相似度

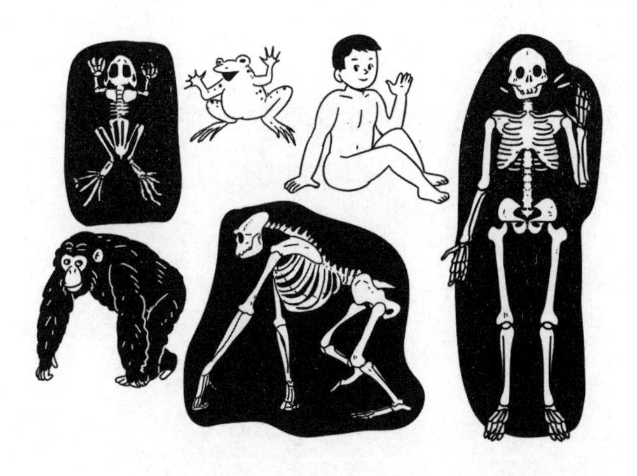

还不太大，但是你看，人和黑猩猩多么相像：不仅整个骨骼差不多，而且都有毛发、乳头和肚脐，都有相似的脸和鼻子，都能用指头捡东西，都能用两条腿走路，差别只在于人是直着身子走，黑猩猩是弯着腰走。

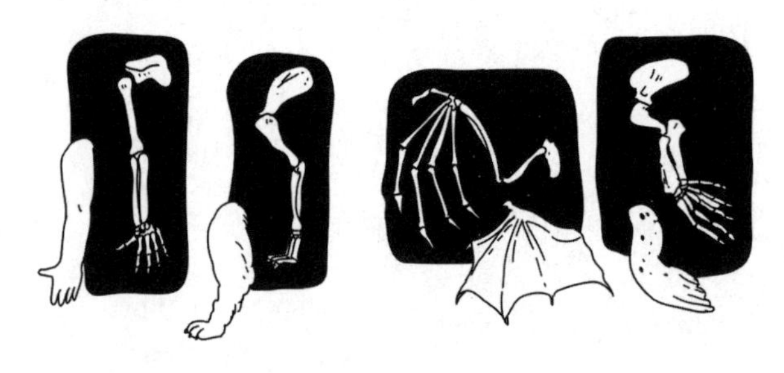

上面这幅图，分别是人的手臂、狗的前腿、蝙蝠的翅膀和海豹的前腿。从外表看，它们当然大不相同，但是看看内部的骨骼，这些骨骼相当一致，而且排列的位置也几乎一样。

毫无疑问，所有这些都是家族的相似点，说明了这些动物彼此有血统关系，一定是来自同一祖先。

它们生长情形相像

血统关系较近的动物，在它们生命过程的最初阶段，发育的情况彼此都很像。我们用“胚胎”来称呼发育早期的生物个体，没有出壳的小鸡，没有出生的小狗和婴儿，都叫胚胎。下页图上行是老鼠、猫、蝙蝠和人 4 种动物比较早期的胚胎。

再看龟、鸡、兔子和人 4 种动物长大后的胚胎。对照前面脊椎动物的家谱图，你可以知道它们的血统关系比较远，但是它们的胚胎也彼此很相像，都有家族的相似点。

更有趣的是不同的脊椎动物的胚胎，还有比表面形状更相像的地方：它们的发育是沿着相似的途径进行的。例如人的胚胎，早期很像

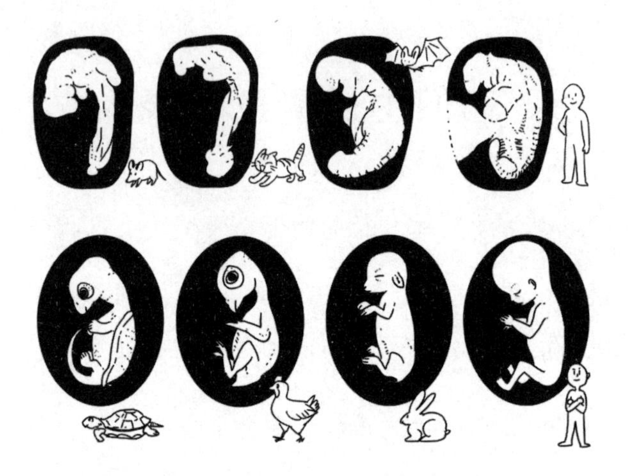

鱼的胚胎，然后又像两栖动物的胚胎，后来又像爬行动物的胚胎，最后才开始具备哺乳动物的特点。

有人把这个发育过程，叫作“人在爬他的家谱树”。

人的胎儿在发育的初期还出现过鳃囊，这完全和鱼的胚胎一样。在鱼的胚胎身上，这些鳃囊后来形成一排鳃裂，就是流进嘴里的水排出来的地方；可是在人的胎儿身上，这些鳃囊出现两三个星期就消失了。

人的心脏分为四个腔，就是两个心房和两个心室。但是人的胎儿，有一个短时期心脏只有两个腔，像鱼的心脏；然后又变成三个腔，像爬行动物的心脏；最后才长成有四个腔的心脏，这才是哺乳类动物的心脏。

你可知道你曾经有过一条尾巴？人的胎儿长到第五个星期，都有一条尾巴，不到 1 厘米长，占小小的身体的 1/6。通常到第八个星期，尾巴就消失了，但是还保留着摇摆那条尾巴用的几根骨头、肌肉和神经，当然这些东西也都退化了。

我们全身都有过一层毛，这是在母亲肚子里第七个月的时候。这层又密又软的毛到出生前后才消失。

所以人的胚胎有个短时期像一条在水里游

的鱼，有个短时期像一只心脏只有三个腔的爬行动物，有个短时期又像一只遍体长毛却没有尾巴的猴子。

各种脊椎动物的胚胎在发育过程中的相像，只能说明一个问题：它们彼此都有血统关系，它们是从一个共同的祖先传下来的。

残留的遗迹

兔子和斑马都能转动它们的耳朵，用来捕捉危险到来的声音。在很久以前，人的祖先也能这样做。现在只有少数人能摆动耳朵，大部分人都办不到了，但是仍然留着摆动耳朵用的肌肉，不过已经退化了。

在很久以前，人类的祖先不穿衣服，他们跟别的哺乳动物一样，也长着一身毛。现在我们身上的毛已经很少了，然而还留着控制这些毛的肌肉。你在冬天有没有注意过猫。它在火炉跟前，周身的毛很平顺；一到寒冷的地方，毛就竖起来了，这样可以保住更多的空气，使身子暖和一些。其实你也这样，只要在寒冷的地方停留一分钟，你手臂上的汗毛也会竖起来，还可以看到每根汗毛的基部都起了一个小小的疙瘩。这当然有些保暖的功能，而且又是一个证据，证明人和长毛的动物有血统关系。

你的两只眼睛靠鼻梁的眼角上有一层红色的褶皮，你知道这是什么东西？这就是第三个眼睑的遗迹。它对人已经不再有任何功用。可是青蛙一类动物有一副长得很完善的第三眼睑，是一层透明的薄膜。它们在水里游泳的时候，这层薄膜就闭上了，不让水流进眼睛里，但是眼睛仍然可以看见水里的东西。

刚生下来不久的婴儿，能用两只手抓住一根棍子，把自己的身体悬空吊起来，支持几分钟之久，正跟一只小猴子拉住它母亲身上的毛，将自己挂起来一样。这也是过去留下来的遗迹，那时候，幼小的动物就这样攀在母亲的身上，母亲就带着它在树林里荡来荡去。

强有力的线索

脊椎动物的祖先是无脊椎动物，就是没有脊梁骨的动物。可是无脊椎动物有那么多种，脊椎动物到底是从哪一种发展来的呢？是蚌呢，还是大虾，是水母，还是什么别的东西？

为了寻求这个问题的答案，生物学家观察了许多动物的胚胎。发现棘皮动物如海星之类的胚胎，第一天发育的情形跟脊椎动物的胚胎极其相似。有一种组织在二者的胚胎里都有，而在任何其他动物的胚胎里都没有。这是个强有力的线索。然而多年以来，只找到了这样一个重要的线索。

直到1932年，两个英国科学家找到了某种特殊的化学物质，只存在于脊椎动物和棘皮动物的身体里，其他动物都没有。又过了10年，所有的怀疑基本上一扫而光，用非常精确的血液鉴定法也得出同样结论：在无脊椎动物中，只有棘皮动物和脊椎动物有近亲关系。

退化器官、胚胎发育、骨骼结构以及其他相似点全指出一个事实，就是我们今日所知道的动物，都是从共同的祖先发展出来的。但是这些祖先在什么地方呢？我们看到过它们没有？

化 石

你可曾在山上或是河床里捡到过一种石头？上面有着一片叶子或是一个贝壳的图案，好像雕刻品一样。这种石头就是一种化石。

化石就是动物和植物的遗体或遗迹，在地面下的岩石中保存了很长时间。生物的历史，有很长的章节是写在化石上面的。化石告诉我们：在几百万年或几亿年以前，地球是什么样子，在它的表面上长了些什么样的动物和植物，并且告诉我们，它们在怎样变化着。现在已经发现的化石，告诉了我们一个33亿年以来的故事。

化石还给我们指出了许多现代生物的共同

祖先。它们是保存在石头里的真正的祖先。

人们发现化石，至少已经有上千年的历史了。我国北宋时代的科学家沈括就记录过他发现的化石。他认为化石是动物和植物的遗体，还拿来作为沧海能够变为桑田的证据。

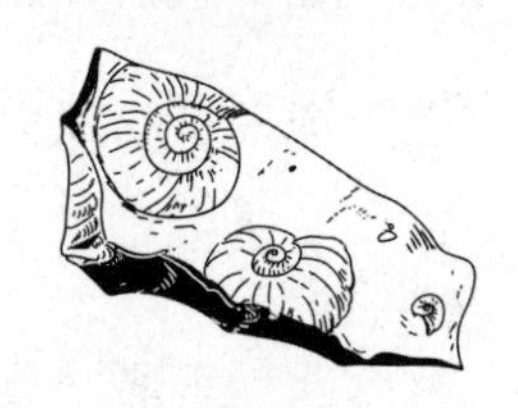

在中世纪，欧洲人差不多都相信世界和万物全是上帝创造的，因而对化石产生了种种可笑的看法：有些人以为这些化石是上帝创造动物植物用的模子；有些人以为化石是上帝抛弃掉的没有

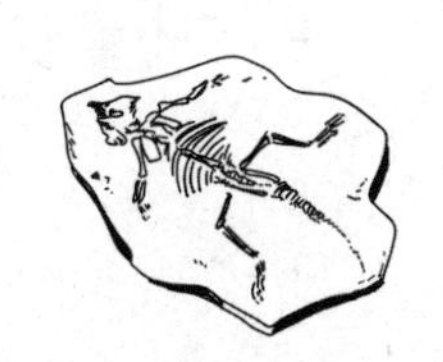

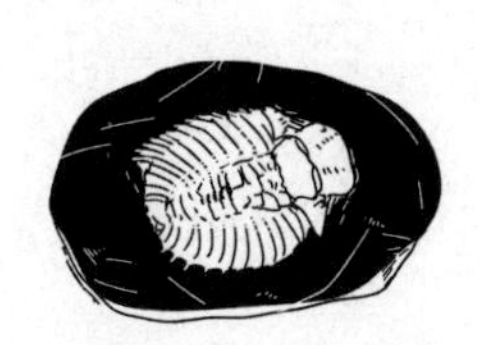

做好的东西；有的人甚至宣称，这些石头是上帝特地用来愚弄地质学家的，要使他们醒悟，揣度上帝的神秘是白费心机。

现在我们知道，动物或是植物必须迅速地埋在地面下，才有可能变成化石，因为只有这样，才不至于被别的动物吃掉，也不至于被细菌分解掉或者风化掉。有时候，有些动物很快地埋葬在流沙里，甚至埋葬在熔岩和火山的灰烬里，才变成了化石。大多数发现化石的地方，都曾经是海岸或者是很浅的海底。在这些地方，动物和植物很容易被盖上一层又一层的泥土。

有时候，地壳的变动改变了地质构造，把化石碾碎或者折叠起来，这就把化石毁坏了。

最古老的肉

1900 年的夏天，西伯利亚北部有个猎人渡过贝勒索夫卡河。他看到有个地方的河岸塌了，看样子是新近塌下来的。在这里，他看到了一幅惊人的景象：一只冻得非常坚硬的大象，深陷在淤泥里面。猎人满怀惊奇地走近，打下了一支象牙，带到市镇上去卖掉了，他的发现也就这样传开了。

几个月以后，沙俄的皇家科学院得到了这个消息。科学家断定，这一定是一只冻僵了的长毛古象。这种动物，在几千年前已经绝迹了。他们派了一个考察队，赶了 5000 千米的路程去看它。一直到第二年的夏季快过去了，这些科学家才到达那条河，找到了那只古象。古象

的背部暴露在阳光下，被乌鸦啄，被狗啃，已经两个夏季了，但是埋葬在地下冻土中的部分还没有损伤，肉还是红色的。北极的暴风雪好像一台天然的冰箱，将这具绝迹了的古象标本完整无缺地保存了几千年，甚至上万年。冻僵了的肌肉像岩石一样坚硬，正如肉铺里的冻肉一样，遇热就软化了。古象的肉虽然那样古老，狗吃起来还是津津有味。当地的猎户也吃了一顿世界上最古老的肉，他们不爱那味儿，后来害了一场病。科学家们还把古象的肉带了一部分回去，在一次科学集会上，炸成肉排，切成小块，请来宾们都尝了一尝。

这只西伯利亚的古象，并不是在北方的天然冰箱里发现的唯一古象。它所以特别引人注意，是因为保存得十分完整。在我国东北，在美洲的阿拉斯加，也发现过许多古象的残骸。古象的象牙，曾在亚洲东北部大量被发现，成为一种特殊的商品。我国古代的许多象牙雕刻品，用的材料并不都来自亚洲南部和非洲，有一部分就是这种绝迹了的古象的象牙。

石头上的足迹

上面谈到的古象，只不过保存了几千年或者上万年，可是蚂蚁和蜘蛛完整无缺地保存在琥珀里，竟可以有3000万年之久。琥珀是松树的树脂变成的，这种树脂，叫松脂。松脂从

树干里慢慢地渗出来，当时又软又黏，有的蚂蚁或其他昆虫给粘住了，松脂还把它们包起来。后来松脂干了，经过了好几百万年，成为透明的琥珀，而里面的那些昆虫，连最微细的翅膀和绒毛都毫无损伤。

这些昆虫和古象，可称为真正的标本。而化石，却是石化了的动物或植物的尸体。

沈括在他的《梦溪笔谈》里记载说：他在太行山的石崖上找到过螺壳和蚌壳的化石。通常只有骨头和贝壳这类坚硬的东西才能成为化石，但是偶尔也会找到动物柔软部分的化石。

你信不信，一个水母也有可能在岩石上留下一个印痕？这好像是不可能的事，因为水母那么柔软，然而真的发现过好多次。这些史前时期的水母，在它们身体还没有干的时候就被埋葬在沙里了。后来沙子逐渐变成了岩石，水母本身慢慢地化掉了，却留下了一副完整的模子。

有一条鱼，从进化的观点来看，比拉蒂迈鱼还要古老,它成为化石状态保存在岩石里面，比拉蒂迈鱼的标本保存得还要好。有一位瑞典的科学家研究过这条鱼的头骨化石模子。这个模子非常完全，使他能够把鱼脑子里引出来的十对神经，一根一根分得清清楚楚。好几千万年前在潮湿的沙土上留下的恐龙足迹，由于沙土硬化成为岩石，也被保存了下来。

重见天日的古象

1973 年春天，甘肃合水县马莲河的挖河民工发现了一架巨大的动物骨骼化石。经科学工作者鉴定，这是生活在 300 万年以前的剑齿象的骨骼。因为它是在黄河上游发现的，给它取了个名字叫“黄河象”。

象是人们熟悉的动物，现在主要分布在亚洲南部和非洲。我国西双版纳的密林里，也有成群的野生大象，是国家重点保护的动物。

现代的象是从 5000 多万年前的始祖象进化而来的。始祖象生活在非洲北部，身体只有猪那么大，也没有大象牙和长鼻子。经过了几千万年的演变，始祖象的门牙越来越大，鼻子越来越长，并且在不同地区分化成各种不同的

象。有几种已经灭绝了，如前面讲过的长毛古象和在我国甘肃发现的黄河象。

黄河象是个庞然大物，身高4米，体长8米，象牙长达2米多，好像两把长剑，所以又叫剑齿象。

剑齿象在几百万年前分布很广，在外国也发现过它的化石。黄河象的骨骼化石，是全世界已经发现的最完整的一架。

黄河象的骨骼怎么能保存得这样完整呢？据推测，在300万年前，甘肃地区不像现在这样干燥，到处有河流和湖泊。有一天，一只黄河象来到马莲河畔，失足陷入了泥潭之中，它不能移动，终于陷在那里被泥沙掩埋。从它那侧立的姿态，我们可以想象它死时的景象。

几百万年过去了，昔日的河岸上升了，成为黄土高原上的一个谷。黄河象的皮和肉都烂掉了，剩下的骨骼成了化石。今天，在人们改造山河的过程中，黄河象又重见天日，成为我们了解甘肃地区的古地理、古气候的珍贵资料。

失去的环节

既然地球上的一切动物都是由过去的、与现在不同的动物进化而来，那么人类的祖先应该是什么样子的动物呢？

人们设想：人类的祖先应该是介于人和猩猩等类人猿之间的动物，还给它起了个名字，叫“猿人”。可是猿人到底在哪儿呢？它们是什么样子的？科学家到处寻找，寻找这个在人类的进化过程中失去的环节。

最先找到这个环节的是一位荷兰医生，他在印度尼西亚的爪哇岛上找到了几颗牙齿和一个头盖骨的化石，它们既不是人类的，又不是类人猿的，可是又像是人类的，又像是类人猿的。经过鉴定，科学家认为这是一种猿人的化石。

后来在我国北京周口店的一个山洞里，又发现了更多猿人的化石。这是北京猿人。他们

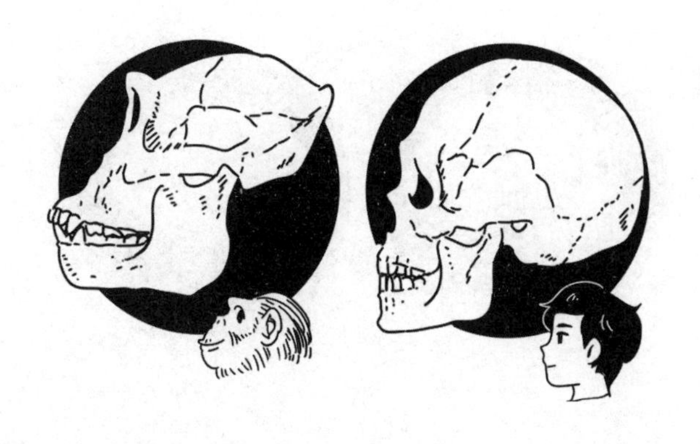

大约生活在50万年以前，已经会制造工具，进行劳动，并且知道用火。

之后又在非洲东部发现了南方古猿的化石。南方古猿更加接近于类人猿，是猿人的祖先。它们大约生活在300万年以前。

失去的环节，一个又一个地被找到了。这些环节说明，在大约2000万年以前，曾经有一种古猿，它在进化的过程中产生出两支后代：一支是现代的类人猿，如黑猩猩之类；一支是猿人，最后又进化成为现代人。

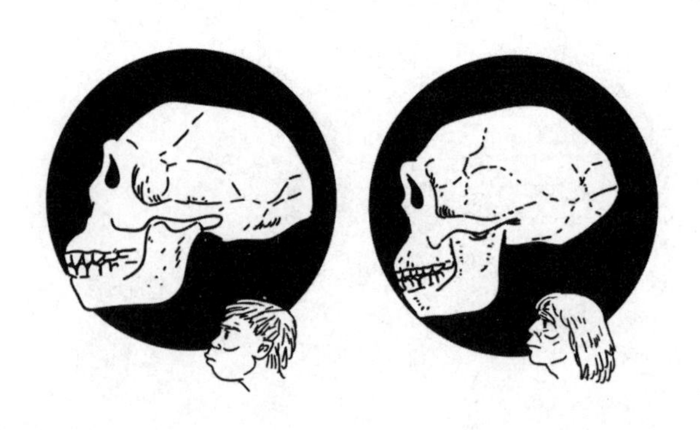

岩石里的时钟

科学家也推导出，鸟类和爬行类在很早很早以前，一定也有一个共同的祖先。这个祖先从某些方面看是鸟，可是从另外一些方面看又是爬行动物。这和古猿一样，也是动物进化过程中一个失去的环节。这个环节后来果然被找到了，是两个化石标本。它们像鸟，有翅膀，有羽毛；但是也像爬虫，有一条尾巴骨，有锐利的牙齿，在翅尖上还有指爪。它们在潮湿而炎热的空气中鼓动翅膀的时候，离现在已经有 1.5 亿年了。

怎么知道这种古怪的动物是生活在 1.5 亿年以前，而不是生活在 100 万年或者 2000 万年以前呢？

我们根据发现化石处的岩石的年龄，可以判断化石的年龄。通常，埋得越深的岩石就是越老的岩石，但是这不一定靠得住。因为有时候地壳发生大变动，可以把极古老的岩石翻到上面来，把那些比较新的岩石压在下面。

实际上岩石本身也带着准确的时钟。你大概听说过居里夫人发现镭的故事吧。镭是一种化学元素，它能发出人眼所看不见的光，可以用来治疗一些疾病。它有放射性，能持续不断地放出带电的微粒，自己逐渐蜕变成铅。还有一些别的放射性元素，例如铀，它会蜕变成镭。

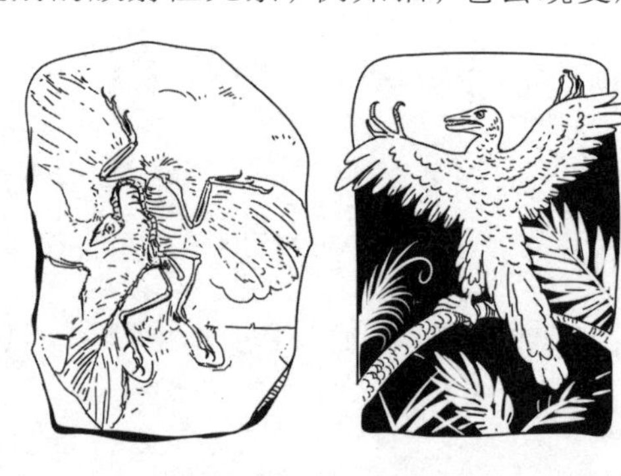

在铀蜕变成镭、再蜕变成铅的过程中，100 万克的铀生成 1/7400 克的铅，需要一年的时间。我们计算一块岩石里有多少铅，有多少铀，还有多少别的放射性元素，就可以算出这块岩石有多大的岁数。

用这个方法测量岩石的年龄，能告诉我们非常长的年代间隔。如果两块岩石的年龄只相差几千年，用这个方法就难以辨别清楚了。

有些岩石自己记录着它们的年龄。例如有些地方，曾经长时期掩盖在冰雪下面。以后气候逐渐转变，四季代替了终年的严寒。在温暖的季节，冰就开始融化。冰每年这样冻结一次，融化一次，便在岩石上留下了一圈一圈的痕迹，每一圈就代表一年，好像树干的年轮一样。

上面说的，就是计算岩石年龄的两个方法，而岩石又告诉我们化石的年龄。我们观察研究了各个年代的化石，再加上我们关于动物的骨骼结构、胚胎发育以及化学物质等各方面的知识，就可以在大体上弄清物种的进化是怎样发生的，发生的原因是什么，就可以拍摄《生命进行曲》这部电影了。

现在让我们来看看这部《生命进行曲》里的一些特写镜头。

生命的开始

如今找到的最早的化石，是细菌之类的微生物的化石。这些最早的微生物，大约生长在33亿年之前。

地球的年龄大约有50亿年。最初的地球不是现在这个样子，海洋是后来才形成的。雨水和河水不断地把各种化合物带到海洋里。越来越多的化合物在海水里相互作用，渐渐地产生了一些结构越来越复杂的化合物——一些蛋白质状的东西。后来又逐渐产生出能进行生命过程的小物体，这就是蛋白体。它是生命的起点，主要成分是蛋白质和核酸。

原始的蛋白体还没有细胞的结构，但是已经有了生命现象，自己能进行新陈代谢：就是一方面吸收周围的物质，把它们转化成自己的成分，这是同化作用；另一方面把自己所含的有机物分解，获得生命活动所必需的能量，同时产生出一些废物，这就是异化作用。

新陈代谢是生命的最基本的过程，也是生命的最基本的特征。有了新陈代谢，生物才有可能生长和繁殖。

恩格斯曾指出：生命是蛋白体存在的基本方式。

细胞的出现

原始蛋白体进一步发展，就出现了细胞。细胞是各种植物和动物身体结构的基本单位。

最简单的细胞比如细菌的细胞，细胞里的蛋白体叫作原生质，由细胞质和染色体组成。最原始的染色体就是一个核酸分子，它是遗传的物质基础。

细胞进一步发展，里边出现了细胞核。细胞核的主要成分是染色体，这是一种核蛋白，是核酸和蛋白质的结合物。染色体被核膜包围着，形成了细胞核。有细胞核的细胞，叫作真核细胞。现在绝大多数生物的身体，都由真核细胞组成。

细胞有个基本特点，它能够一分为二。一

个细胞在一定条件下,能够分裂成两个子细胞。每一个子细胞长大后，又能够一分为二。这样持续不断地分裂，细胞就越来越多了。

最早的动物都是单细胞动物，分裂产生的子细胞仍旧单独生活。多细胞动物是后来才发展起来的。这就是说，在进化的过程中，某些单细胞动物的遗传性发生了变化，它们所产生的子细胞彼此不再分开，联合成为细胞集团。

最早的这种细胞集团也是很简单的，许多细胞虽然联合在一起了，却仍然各自管自己的生活。慢慢地，有些简单的细胞集团起了很大

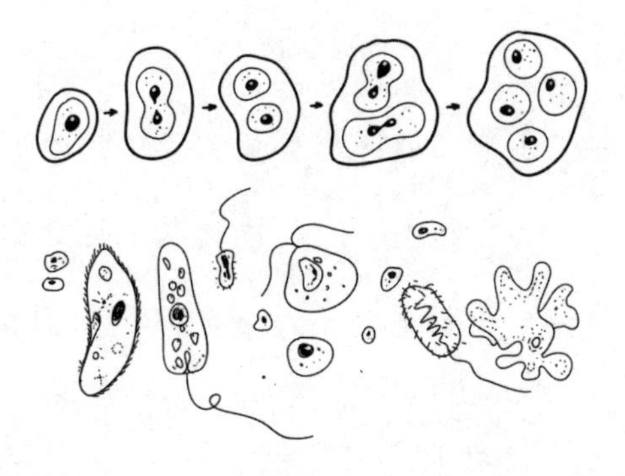

的变化，联合在一起的细胞逐渐分化，成为各种器官，来分担生活上的各种工作。这样，细胞之间就开始了分工合作。有些细胞发展成为一根管子，管子的开口就是嘴。这根管子专门消化食物，把营养物质供应给所有生活在一起的细胞。有些细胞又发展成为神经。神经能将信息从这一部分传达到另一部分，好像电话线一样。后来，动物又长大了一些，有些细胞发展成为血管系统，营养物质就可以通过血管输送给体内所有的细胞。因为有些细胞已经距离消化道很远，不能直接从消化道取得营养物质了。

现在还不知道这些复杂的变化经历了多少亿年。因为那些古老的动物又微小又柔软，很不容易留下化石来。不过我们已经知道，在 5 亿年~6 亿年以前，所有的比较重要的无脊椎动物都已发展出来了。在自然博物馆里，就陈列着它们的化石。

早期动物界之王

6亿年或4亿年以前，陆地上是一片荒凉，没有动物，没有森林，甚至连一根草都没有，到处是光秃秃的岩石。

海洋里的情形怎样呢？陆地上毫无生气，海洋里却已经生气勃勃了！

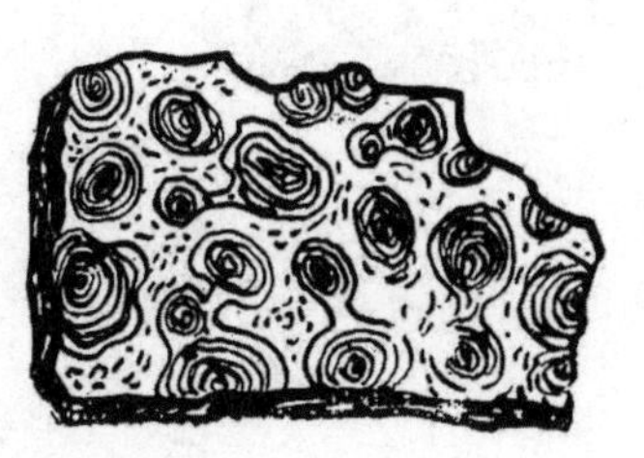

海水里充满着海藻，这主要是一些小得看不见的绿色植物。右图就是一些海藻的化石。它们跟现在的植物一样，在阳光的照射下，能把水和空气制造成自己的食物。如果没有这些植物，动物就不可能生存，因为动物不能自己制造食物。动物要么吃绿色的植物，要么吃别的以绿色植物为生的动物，正如兔子吃草，老虎吃兔子一样。

在古代的海洋里，已经有很多种动物，如沙蚕、蛤蚌等。那个时候，统治海洋的是一种样子像虾的动物，叫作三叶虫。它们是5亿年前发展程度最高的动物。左边的图是在我国泰山附近发现的“蝙蝠石”，就是一种三叶虫的化石。

三叶虫的身体分为头、胸和尾三个部分，背上有两条深沟，好像把身体分成三片，所以叫作三叶虫。三叶虫的种类很多，有些在水面上游来游去，有些在海底的泥沙里钻来钻去。它们大多长着眼睛，眼睛也跟现代的虾差不多。用人的标准看，这样的眼睛当然不是顶好的，然而在那古老的年代，三叶虫是生活得最成功的动物。我们说它最成功，是因为它的身体很适应它所生存的世界，它有成群的子孙，其中有一些又进化成为新的物种。

三叶虫在 2 亿年以前，还是动物界之王，但是后来全部灭绝了。有一种三叶虫已经进化成为水蝎。水蝎长着强有力的螯（áo），能捕捉别的水生动物来当食物。有些水蝎竟有 2.7 米长，但是跟三叶虫一样，后来也灭绝了。

绝大部分水蝎和三叶虫都走到了进化的尽头。它们不能适应环境的变化，不能再往前发展。

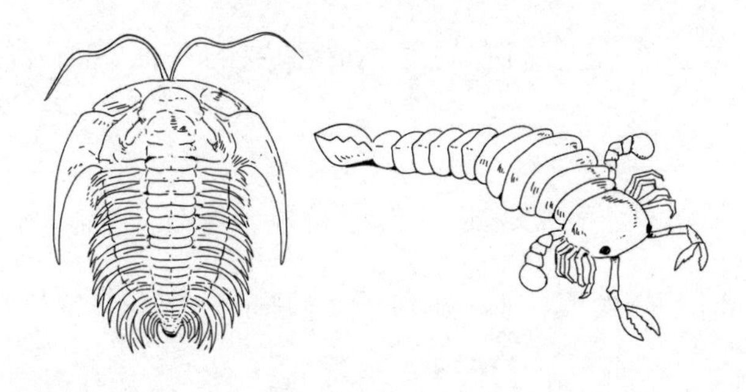

到现在还活着的水蝎的后代，只有蝎子、蜘蛛、虱子和马蹄蟹之类。它们直到现在还极像它们的祖先，生活方式也几乎一样。

它有头脑

三叶虫和水蝎都灭绝了，但是同时还发生了一件极其重要的事。淡水溪流的泥底里，出现了一种动物，未来是属于它们的。

这种动物身体小而扁，行动很迟钝。它吃东西的唯一方法就是吸，靠从泥巴里吸取有机物为生。因为它没有牙床，嘴巴窄得像一条缝。可是它们有另外两件重要的东西：盔甲和头脑。

科学家把它们叫作甲胄鱼，意思是说，它们戴盔披甲。它们是原始的脊椎动物，身体的前部长着骨板，其余的部分都长着鳞。

虽然最初的时候，肉食的水蝎还在水里横行，甲胄鱼终于逐渐繁荣滋长起来了。它们怎么会没给吃掉呢？主要有两个原因：首先是它们的盔甲多少给了它们一些保护，更重要的是它们有了头脑，还有了比较发达的感觉器官，它们能够躲开感觉不大灵敏的水蝎。

这样大约过了 7500 万年，有一种甲胄鱼又向前发展了一大步，变成了差不多是现代的鱼类。它们有一根真正的脊梁骨，一副支持全身肌肉的骨骼；它们有颚，嘴巴可以开合；它们有鳍，还有条强有力的尾巴；它们全身呈流

线型，身体也增大了。

这副新的装备，给了这种鱼两件重要的东西：自由和保护。它们不再待在池塘底的淤泥里，可以到处游来游去，看到什么可吃的东西就张口吞下去。它们身体的形状便于在水里行动，靠着鳍和尾巴可以更快地避开敌人。它们虽然失去了甲胄鱼的那副盔甲，可是比甲胄鱼更加安全了。

这些新出来的鱼不断地得到发展，一直到淡水里到处都有它们的子孙。不久，它们的子孙有一部分成群结队地迁移到海洋里去了。那时候，鱼的种类真多，彼此又长得很不一样。

所以在随后的这个5000万年，可以叫作鱼的世纪。

肺的出现

在鱼的世纪里有两类重要的鱼。一类是鲨鱼和它的近亲，它们的骨骼都是软的，这是软骨鱼。另外一类就是硬骨鱼，它们的骨骼都是硬的。生活在淡水中的硬骨鱼，大半长出了肺。前面讲过的总鳍鱼，就是长着肺的硬骨鱼。

鱼也长肺？初听起来好像很滑稽。肺是从空气中取得氧气的器官，但是鱼是生活在水里的呀。它们是通过鳃，来取得溶解在水里的氧气，还要长个肺，不是多此一举吗？

并非多此一举。在非洲和大洋洲，现在还有活着的长肺的鱼。它们就叫作肺鱼，生活在小河和池塘里。河水和池水干涸的时候，它们就躺在淤泥里，靠它们的肺来呼吸。

幸而古代的某些硬骨鱼长了肺，不然的话，世界上就不会有我们了。

你看见过一条鱼被人抓来抛在岸上，躺在那儿喘息不止吗？在鱼的世纪中，发生干旱的时候，成千上万没有长肺的鱼都这样死去了。在那个年代，气候并不像今天这样风调雨顺，大雨滂沱和可怕的干旱经常交替发生，只有长肺的鱼才有条件生存下来。有些浅水因为腐烂的动物和植物太多，也失去了氧气，长着肺的鱼可以游到水面上来，呼吸空气中的氧气。

后来气候又变了，干旱不再经常发生，溶解在水里的氧气又足够供给鱼类通过它们的鳃来呼吸了。于是有些鱼的肺变成了一个装空气的囊，叫作鳔。鳔里装多少空气是可以调节的，有利于鱼在水里浮上沉下。长了鳔的鱼还长了很好的鳍，鳍里有扇子骨一样的一排骨头做支撑。现代的硬骨鱼，绝大部分都是这个样子。

登 陆

在大部分硬骨鱼都有肺的时候，出现了一些对将来特别有希望的鱼，这就是总鳍鱼。你还记得我们在开头讲的拉蒂迈鱼吗？从鱼的立场来说，拉蒂迈鱼和它的堂兄弟都不是顶成功的鱼。总鳍鱼的鳍划水的能力不强，内部的骨骼和两栖类的腿很相似。它的成对的胸鳍和腹鳍，就是腿的前身。

我们确实知道，古代总鳍鱼的产生，是脊椎动物进化过程中的一个重要发展；同时，世界已经开始了巨大的改变。

好多亿年以来，只有海洋里有丰富的绿色植物，陆地上可一点儿也没有。在鱼的世纪开始的时候，陆地上开始出现了植物。这些植物又小又简单，它们平铺在地面上，没有根也没有叶子。渐渐地，从这些简单植物发展出了第一批巨大的陆地植物——羊齿植物。到鱼的世纪末期，陆地上已经遍布了羊齿类的森林，有些长到十来米高。陆地上已经为脊椎动物准备了丰富的食物。

脊椎动物于是从水里爬上来了，向陆地进军。当然，并不是所有的脊椎动物都能登陆。

总鳍鱼具备了登陆的条件，它们有肺，还长有和腿差不多的总鳍。

我们这部《生命进行曲》之前一直是在水里拍摄的，现在镜头开始转到陆地上来了。

它们还离不了水

爬上岸来的总鳍鱼，逐渐进化成为陆地上的动物。这是原始的两栖类。它们还离不了水，不能算是成功的陆地动物。它们在一生中，有一段时间必须在水里度过。它们跟祖先总鳍鱼一样，身体长而柔弱，还有一条长得很好的尾巴。它们有肺，用肺来呼吸；又有腿，用来支撑它们离开了水的身体。它们一生中有大部分时间消磨在水里，吃的是小鱼和虫子。

如果天特别旱，有些沼泽和河流完全干涸

了，许多总鳍鱼和别的鱼只好干死。两栖类却没有多大关系，它们可以用它们的腿走到别处有水的地方去谋生。

两栖动物的耳朵比鱼长得更好。它们的头上有几块小骨头，排列很特殊，能捕捉到空气中的极细微的声浪。这副装备非常重要，在安全方面给了它们一定的保障。

两栖动物在陆上的时间渐渐越来越多，但它们那柔软的成团的卵，还不得不下在水里。它们虽然有肺，但呼吸还不太方便，不能用胸部的肌肉来使肺扩张和收缩，只好靠嘴的底部的动作，把空气压进肺里。这情形仍然跟它们的鱼类祖先用嘴的底部将水压过鳃一样。它们血液循环的效率也不高。虽然有这种种缺点，但它们还是比以前的任何动物都获得了更多的自由。

更重要的是两栖动物的骨头坚硬，并且构成了一个体腔。当时和它们平分天下的陆居动物有蝎子、蜗牛和昆虫等。有些昆虫长得极大，它们的翅膀伸展开来有 1 米来宽。

经过了数千万年，这些古代的两栖动物大都也灭绝了,只在温带地方还留下它们的后裔，主要是青蛙、癞蛤蟆和蝾螈之类。

这时候又有一个新物种出现了，这才是真正成功地在陆地上生活的脊椎动物。它们是原始爬行类，也有人叫它们爬虫类。

恐龙出现

爬行类终于脱离了河流和其他水域，比起两栖类来，这是一个大进步。它们下的蛋外面有一层硬壳保护着，可以在陆地上孵出后代。

下图就是最大的爬行类动物恐龙蛋的化石。

假如你要了解这种蛋有多么大的好处，不妨看看蛙卵和鸡蛋有什么不同。把蛙卵从水里捞出来，不用多少时间它就干瘪了；蝌蚪孵出来的时候又非常弱，得冒着种种危险在水里发育成长。爬行类的蛋和鸡蛋一样，外面有一层壳保护，内部的水分不至于被蒸发掉，这层壳又有许多小孔，使胚胎发育的时候能够进行呼吸。胚胎的营养来自蛋黄和蛋白，在进入一个混乱的世界之前，可以发育一段很长的时期，比起弱小的蝌蚪来，生存的机会要多得多了。

爬行类还有别的优点。举例说，两栖类的四条腿彼此离得较远，长在身体的两旁，因而行动迟缓。爬行类的四条腿离得很近，更适于支持身体的重量。爬行类能靠胸肌和肋骨的活动进行呼吸，血液循环系统更有效率。总之，爬行类的身体各部分都有了重大的发展，跟两栖类相比，就像一辆小汽车比一辆马车要好得多一样。

在那广阔而多雾的森林中，爬行类繁盛起来了，种类越来越多。它们统治了陆地，统治了一切水面，甚至统治了天空。有的长了长腿，适宜在陆地生活；有的完全失去了它们的腿，长得像蛇一样；有的爬行类的腿长得像桨，表明它们又重新回到了水里；有的长了翅膀，向天空飞去。那些在天空里飞翔的爬行动物，样子多少有点儿像大蝙蝠。它们的翅膀很特别，是一对皮翅，从大腿一直连到前趾骨上。这些长着特殊翅膀的爬行动物既不是鸟，也不是鸟的祖先。鸟的祖先是另外一种爬行动物，叫作始祖鸟，大概生活在 1.5 亿年之前，它们身上长着羽毛！

假若我们举行一次四足动物体格大小的比赛，包括已经绝灭的和现在还活着的，那么有一类爬行动物是无与伦比的，这就是恐龙。给它们取这个名字，意思就是说，它们是令人恐怖的爬行动物。

有一种体型较大的恐龙叫梁龙，它是个素食者，有 26 米长。可是这个庞然大物的智力一定非常有限，它只有一个跟鸡蛋一般大的脑子。

所有的脊椎动物的脊髓基部都稍稍肥大一些，通向腿部的神经就从那儿开始。恐龙的大腿臃肿不堪，肌肉非常之多，因而脊髓的基部长得比它的头还大，仿佛是另外一个脑子。

有一种体重较大的叫硕臂龙，有50吨重！它的脖子极长，如果现在还活着的话，它的头至少可以伸过两层楼的屋顶。梁龙和硕臂龙都生活在沼泽地带和浅水湖里。它们借着水的浮力来支持它们沉重的身体。

最残暴的恐龙是暴龙。它是有史以来最大的肉食动物，站起来有5.7米高。它那锋利的牙齿有15厘米长。暴龙出巡的时候，那些长了角的恐龙也都吓得逃跑了。

恐龙灭绝

环境仍然按照客观的规律在变化，《生命进行曲》也要换个调子了。这些长得又大又结实的恐龙，终于也走到了进化的尽头。

7000 万年前，地面又起了一连串天翻地覆的变动。沼泽干涸了，有些地方逐渐上升，形成了今日的山脉。寒冷而干燥的空气从北方吹来，多汁的植物逐渐死掉了。

恐龙适宜生活在沼泽地带和浅水湖里，那里的空气温暖而潮湿，食物也很容易找到。它们不能生活在干燥的到处是岩石的山坡上。它们不能随机应变，去适应环境的变化。世界改变了，不可一世的恐龙终于灭绝了。我们现在只能看到它们的化石。

巨大的恐龙灭绝了，但并不是所有的爬行类都灭绝了。一些身体小的爬行类生存了下来，进化成为现在的蛇、蜥蜴和乌龟之类。而另一类小型的恐龙，则是鸟类的祖先。

小而强

还在恐龙称王称霸的年代里，有一些从最初的爬行类发展出来的小动物，已经开始在活动了。它们是长了四条腿的肉食动物，只有老鼠那么大。它们跟祖先相比，有两个非常不同的特点：第一，它们遍身长毛；第二，它们的血是温热的。在这之前，大多数脊椎动物的血液不能保持温度不变，周围的空气或者水的温度改变了，血液的温度也随着改变，就跟现在的鱼类、两栖类和爬行类一样。这种新的脊椎动物无论外面的空气是冷是热，它们的血液温度一直保持不变。所以人们叫它们热血动物，或者恒温动物。

这种遍身长毛的恒温动物，鼻子长而扁，看起来跟爬行类不大一样。它们并不很适于过沼泽地带的生活，所以在开头的时候，它们是微不足道的。它们的毛和温暖的血液，对它们也没有什么特别帮助，因为那时候的世界还很暖和。它们那高度发达的脑子和感觉器官，对它们也没有多大的用处，因为那时候到处有丰富的食物，最最迟钝的动物也不至于饿肚子。这些小动物在当时难以跟强大的恐龙竞争。几乎有 1 亿年之久，它们一直过着艰苦的生活。

世界终于发生了巨大的变化，恐龙经受不了大自然的严酷考验，灭绝了。而这些长着毛的热血动物却生存了下来，而且得到了大发展。这种新兴起来的动物跟我们有非常直接的关系，它们就是最古老的哺乳动物。

哺乳动物有哪些优点呢？它们的毛和热血能抵御寒冷。它们有高度发达的脑子和感觉器官，在沼泽地带干涸的时候，它们可以很机智地找到维持生命的食物。它们虽然个子很小，却比爬行动物灵活得多。

哺乳动物传种接代的方法很有效。它们不像爬虫类那样下蛋，而是让胎儿留在母亲身体里，受到母亲的保护，在发育的过程中，还由母亲供给它营养物质。哺乳动物有这样许多优点，因而得到了以前各种动物从未有过的更多的自由。

绝大部分恐龙灭绝后，哺乳类便继承了这座江山。在这漫长的过程中，植物也在进化；沼泽地干涸了，巨大的羊齿植物枯萎了、死掉了，又出现了能够生长在干燥的陆地上的新植物。山上到处有杨树、枫树这类乔木和桂树、榛树这类灌木；平原上长满了各种各样的草。肉食的哺乳动物吃的东西并不丰富，但是有很多蚯蚓一类的环节动物和昆虫一类的节肢动物供它们充饥。

哺乳动物开始都小而柔弱，没有凶猛强暴的老虎，也没有狼和鬣（liè）狗，有些哺乳动物长得奇形怪状。我们不必完全依靠化石，就可以证明最初的哺乳动物多少还带有一些爬行类的特点，现在就来讲讲我们的根据。

6000 万年以前

6000 万年以前，地壳发生一次大变动，大洋洲和周围的岛屿跟大陆的其他地方分开了，被包围在汪洋大海之中。在完全隔离的条件下，大洋洲的哺乳动物独立进化，没有别的大陆上的哺乳动物去干扰它们。

在以后的漫长的年代里，别的大陆上出现了更进步的哺乳类，有一些就是现代的野兽和家畜的祖先。它们都是胎生的，初生的幼崽发育比较完善。它们把原始的哺乳类，如单孔类、有袋类，都排挤掉了。

大洋洲却不是这样，野猪和老虎，鬣狗和狼，大象和羊，所有这些现代哺乳类的祖先，大洋洲都没有。而其他大陆上早已灭绝的原始哺乳动物，恰恰有一些今天还生活在大洋洲。大洋洲现在也有高等的哺乳动物了，这是近几百年来殖民者从别的大陆上带过去的。

因此大洋洲成了一个古代哺乳动物的博物馆。6000万年以来，那些哺乳动物虽然顺着它们自己的进化道路也在发展，可是至今还保留着它们祖先的某些特征。你听说过满身长刺的针鼹和嘴巴长着硬壳的鸭嘴兽吗？这是世界上最奇怪的两种动物。它们跟猫一样身上长着毛，但是又和乌龟一样下带壳的蛋。它们的雌性没有乳房，乳腺长在胸部的毛下面。从蛋里孵出来的幼崽就用硬嘴吸取母亲胸部毛下面的乳汁。它们是极原始的哺乳动物，叫作单孔类，除了大洋洲，别的地方还没有发现过。

大洋洲还有一类哺乳动物，就是有袋类。它们不如针鼹和鸭嘴兽那样像爬行类，但是还

算不得高等的哺乳类。袋鼠和袋熊都是有袋类，它们的雌性并不生蛋，但是幼崽还没有发育好就生下来了。袋鼠的胎儿在母亲肚子里只待 7 个星期，生下来眼睛还看不见东西，只有两三厘米长。它们爬进母亲腹部的袋子里，吸住母亲的乳头。过了 3 个月，才从袋子里探出头来；到了 6 个月，才离开母亲的育儿袋。原始的爬行动物有一副支撑腹壁的骨骼。有袋类虽然是哺乳类，却也有这样一副骨骼。

大洋洲有些有袋类动物，长得非常像高等

动物。树袋熊没有尾巴，样子很像一只小熊，可是它完全不是熊，而是有袋动物，雌性的腹部也长着育儿袋。大洋洲的单孔类和有袋类也正在走向灭绝，跟几百万年前别的陆地上一样。狗、猫和兔子，这些被人们带到大洋洲去的动物，正在迅速地损害那些更温和的原始哺乳动物。

在树上的进化

除了大洋洲，只有美洲还有一种活的有袋动物，叫作负鼠。其他各地的有袋动物，早就让位给它们的更成功的堂兄弟了。这些成功的哺乳动物大部分生活在陆地上，有一些生活在海洋里，如鲸和海豚，有少数是能够飞的，蝙蝠就是飞得最好的哺乳动物。

未来属于哪一类动物呢？哪一类动物将是世界新的统治者？

牙齿长得像剑一样的老虎，在草原上咆哮着，追捕鹿和熊，也追捕鬣狗和狼。这些动物虽然动作敏捷，却也得小心翼翼地对付那些饿慌了的肉食者。有一类动物多了一个优点，它们住在树上，碰到危险的机会就少得多。这些动物就是灵长类。

灵长类的祖先在6000万年前开始出现，它们身体长，腿短，有点儿像老鼠，最初跟别的小动物没有多大不同。在长时期进化过程中，它们才变得更加适宜于生活在树上。从这些早期的灵长类，发展出狐猴（下页图）、猴子、类人猿，还有人。

你可知道，你的身体是上千万年在树上生活进化的产物？你可知道，你的祖先爬上了树，

大约有5000万年之久不曾下到地面生活？下面就是灵长类在树上生活时期身体发生的变化。

腿——前腿和后腿开始分工。后腿成了身体的主要支柱。前腿较为自由，经常用来试探什么，发展得越来越像手臂。

手和脚——初期灵长类的手和脚都能用来抓东西，它们全靠手和脚把自己的身体悬挂在树枝上。它们的手指和脚趾长得越来越长，到后来大拇指和大脚趾很发达，能够对着其他四个指头弯曲过来。请看下页图，拿大猩猩的手和脚（图的左边）比较一下人的手和脚（图的右边）。

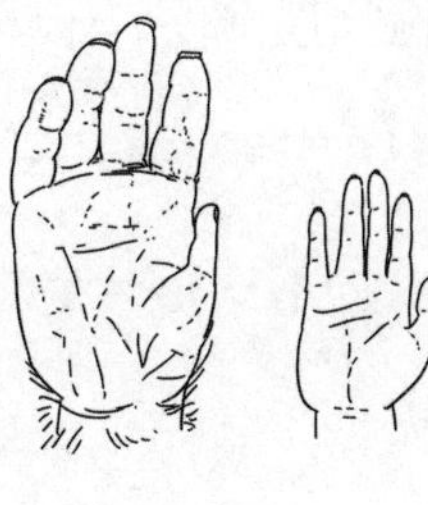

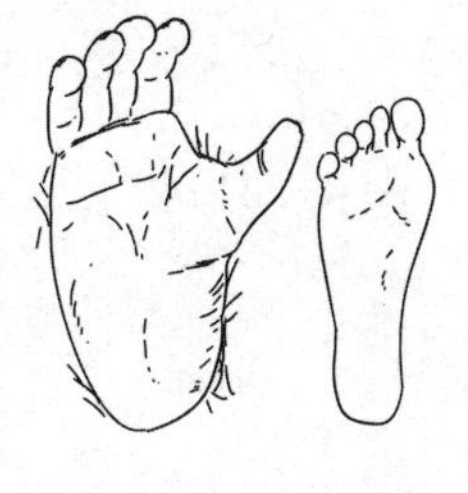

眼睛——树居生活需要很好的眼睛。最成功的灵长类都长着两只大眼睛，两只眼睛还能够同时盯住一件东西。狗和兔子这些动物是办不到的，它们通常侧着脑袋，用一只眼睛来注视一件东西。它们的两只眼睛只能各看各的，不能把目光集中在同一件东西上。灵长类能够用两只眼睛看同一个目标，所以能够判断目标的距离。它们能从一根

树枝跳到另一根树枝，而不会从树上摔下来。

鼻子和嘴——灵长类的视觉很发达，因而嗅觉不必很敏锐，用来辨别气味的鼻子长得比较小。它们不再像牛和马吃草那样用嘴来取得食物，而是用手把食物送到嘴里去，嘴只是用来咀嚼而已，不必再长得很大。最后，它们的面部渐渐长得跟人一样，鼻子小而扁，嘴也小得多了。

头颅——灵长类的脑子越来越大，头颅就越长越圆。

当然，完成这些变化，需要很长很长的时间。在这漫长的年代里，地球又在变化了。冰雪从北部和山地向南方和平原扩展，天气又慢慢地冷了，炎热和潮湿的热带气候过去了。只能生活在莽丛里的许多身体庞大的奇形怪状的哺乳动物，又走到了进化的尽头。代之而起的是一些适宜在新的气候下生活的新的种族。

人类的近祖

当冰雪从北方袭来的时候，不耐寒的森林不断地后退，向南方移动。住在树上的灵长类不得不跟着森林一起向南转移。森林保障了它们的安全，还供给它们赖以生存的水果和硬壳果之类的食物。它们离不开树，下地久了就不能生活，就跟鱼离不开水一样。它们被一条无形的锁链给拴在树上了，最终成为生活在树上的森林动物。

幸亏并不是所有的灵长类动物都被这无形的锁链束缚住了。其中有一种古猿，在森林逐渐变化的过程中开始下到地面生活。这就是现代类人猿和人的祖先——某种古猿。当然，最初的时候，它们只偶尔下地来寻找食物，一遇到危险又赶紧爬上树去。经过漫长的年代，它们逐渐起了变化，身体变得越来越大，有的能够用后腿站起来，弯着腰行走，这样更容易发现敌情。手脚分工以后，在地面上寻找食物也方便得多。总之，它们的身体至少有一部分越来越能适应地面上的生活了。

古猿慢慢分成两支，一支跟着森林向南方转移，它们是现代类人猿的祖先，一支已经习惯在地面上生活，它们没有森林也能生存，最终熬过了艰苦、严寒的岁月，逐渐进化成为人类的近祖——猿人。

人类登场

银幕上出现了一幅北京猿人的肖像。他们生活在 50 万年以前。我们不再用“它们”来

称呼北京猿人，因为北京猿人已经会制造工具。请记住，会不会制造工具、进行有目的的劳动，是区别人和其他动物的重要标准。用这个标准来衡量，北京猿人已经属于人类，虽然他们还不是现代人。

怎么知道北京猿人已经会制造工具了呢？在埋藏着北京猿人的骨骼化石的地层里，我们的科学工作者还找到了许多奇怪的石头。这些石头都是别处搬来的，上面有打击的痕迹，有锋利的刃口,显然是北京猿人制造出来的石器。这些原始的石器虽然很粗糙，可是用它们来切割野兽的肉，敲碎硬壳果的壳，都比用指甲和牙齿要有效得多。除了石器，我们的科学工作者还找到了用野兽的骨头制造的骨器，如鹿的

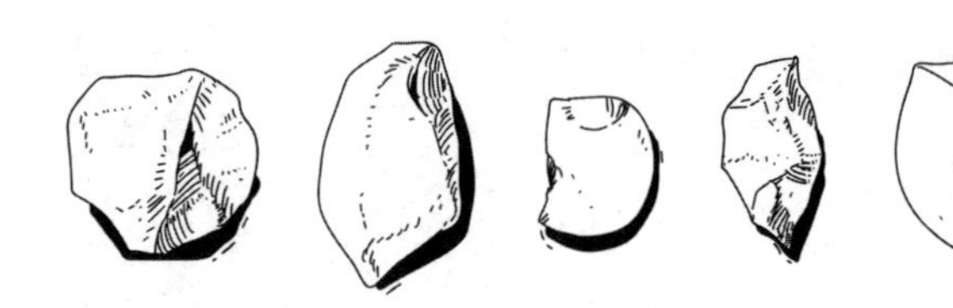

头骨制成的水瓢等。

制造工具并不自北京猿人这一代开始。在非洲东部的断裂地层里，发现了早期猿人的化石。并且在同一地层里，也发现了更为粗糙的石器。据估计，这些早期猿人生活在300万年到100万年以前，也就是说，人的起源可以推溯到这样遥远的年代。

想一想吧，几十亿年以来，所有的动物一般只能用自己身上的器官来谋取自己的生存。它们通常干不了自己身上的器官不能做的事情。古代的总鳍鱼要是没有长得像腿一样的鳍，就爬不上岸来；现代的长颈鹿要是没有它那条长脖子，就吃不到长在树梢上的叶子。只有我们人，不受自己身体的限制。我们没有翅膀，可以飞得比老鹰更高；没有鳍和尾巴，可以在水面上航行；身上没有长毛，可以到冰天雪地的北极和南极去探险；没有锐利的牙齿和爪子，可以对付任何凶猛的野兽。人所以这样坚强有力，就因为人擅长制造工具、使用工具。这种在动物的历史上绝少出现的变化，是从早期猿人制造石器开始的。早期猿人制造出第一件粗糙的石器，使自己迈出了有决定意义的一步，跨进了人的阶段。

制造工具，使用工具，进行有目的的劳动——人的劳动。从这时候起，《生命进行曲》出现了劳动的旋律。这劳动的旋律将越来越强，将领唱于自然界的一切声音。

北京猿人的生活

早期猿人是怎样生活的，我们现在知道的还不多。至于比北京猿人早二三十万年，或者晚二三十万年的晚期猿人，在非洲和亚洲各地都发现了他们骨骼的化石。最先发现的爪哇猿人就是其中的一支。我国在建国后，各地大规模进行农田水利基本建设，在许多地方挖掘到了晚期猿人的化石，在更多的地方挖掘到了晚期猿人制造的石器。石头当然比骨骼容易保存。发现早期猿人的化石和石器的地方如此之多，可见猿人已经分布很广，凡是适合他们生活的地方，他们就定居下来。

让我们以北京猿人为代表，来看看我们的近祖晚期猿人是怎么生活的吧！

北京猿人除了会制造石器和骨器，还已经知道用火。在他们生活过的山洞里，发现了三层灰烬，最厚的一层竟积了 6 米来深。他们把天然的火种取回山洞里，像喂牲口一样，不断地添加枯叶和树枝，使火保持不灭。野兽都是怕火的。山洞里有了一堆不灭的火，不但可以取暖，还可以保障居住的安全。

在这 50 万年前的火堆旁边，还找到一些烧焦的野兽骨头，大多是古代的鹿的。从这些烤焦的骨头可以知道，北京猿人已经开始吃烤熟的肉。肉烤熟了，比生的容易消化，也更富于营养，这对北京猿人的身体发展有很大的好处。

艰苦的生活条件，使北京猿人不得不过群居的生活。晚上，他们男女老少一同睡在山洞里，但是不能大家都睡着，总得留下一两个年老的来喂火。白天，青壮年提着棍棒出去打猎；

女的带着孩子们拿着木棍和骨器，出去采集果子和挖掘植物的块根；还有的从河床里捡来卵石，从树林里伐来枝干，把它们制成合用的工具。他们一代又一代，过着这样勤劳的集体生活。

跟他们的祖先相比，北京猿人大概还有一个极其重要的进步：他们开始说话了。在猎取野兽的时候，他们需要互相招呼；老一代也需要把他们积累下来的知识和经验，传授给孩子们。于是，简单的叫声逐渐发展成为可以表达意思的语言。

语言是适应集体劳动的需要而产生的。最初的语言当然是非常简单的，能够表达的意思也不会复杂。但是在人类的进化过程中，能够说话是非常重要的一步。因为有了语言，人才能用语言作为材料来构成思想，于是脑力劳动得到了发展。

从所发现的遗迹来看，北京猿人大概还不穿衣服，他们可能全身长着毛。他们还保留着他们祖先的一些特征。从他们头骨的化石可以看出，他们的脑子比现代的类人猿黑猩猩大，但是比现代人的还小得多。他们的前额比较平，眉脊骨突出，下颌已经往里收了。他们

能够直起身子行走。他们的手经过长期的劳动锻炼，变得比刚下地时的古猿灵活多了。所有的这些变化，都是劳动促成的。

古猿的另一支却不是这样，它们也在进化，可是离人走的道路越来越远。它们回到了森林里，变得越来越适合在森林里生活。它们就是今天的类人猿。在进化的过程中是没有回头路可走的，它们错过了道岔，已经走上了另一条道路。

跟祖先相比

你的身体和50万年前的北京猿人有什么不同呢？其实并没有太大的不同。你站得比他们更直一些，手也比他们更加灵活。用今天的标准看，你比50万年前的祖先长得漂亮一些，下颌更往后收了，也没有那副突出的眉脊骨横在你的眼睛上面。你的鼻子也比北京猿人长得端正。当然，最重要的是你的前额长得很丰满，因为你的脑子比北京猿人大得多了。不过这个变化，在过去的 50 万年到 10 万年之间就基本上完成了。这就是说，我们脑子的大小跟 10 万年前的祖先相差不多。这意味着脑力的发展已经有了基础。

在过去的 10 万年里，人的身体有没有什么变化呢？有。现代人的头颅长得更圆了。牙齿虽然仍旧是 32 颗，可是最后的 4 颗往往长不齐。现代人的寿命比 10 万年前的祖先要长得多，可是这并不是体质上有什么不同，而是因为我们有了躲避风雨的房屋，有了抵御寒冷的衣服，有了丰富的食物，有了医药卫生知识，一句话，有了更高的文化水平。

幸运的动物

在这部《生命进行曲》中，我们看到除了人以外，各种动物的生死存亡，都是由自然的原因决定的，由自然环境的变化决定的。这就是达尔文在航行中发现的自然选择的规律。大自然既没有意志，也没有目的，可是总在不断地变化。生物也在按照客观的规律，在不断地变化。生物如果能够适应大自然的变化，就能够生存下来，得到发展，否则就会走到进化的尽头。动物是如此，植物也是如此。

你记得西伯利亚的长毛大象吗？它们靠自己的一身长毛，在气候变冷以后还生活了一段时期。难道它们比别的象聪明一些，事前就知道天气要变冷吗？这当然是不可能的。它们决不会向自己说："让我们快点儿进化吧！快点儿长出长毛来吧！要不，我们可要冻死了！”即使它们有这样的先见之明，也不可能凭它们的愿望就在身上长出长毛来。

那么，使有的象长出长毛来的原因究竟是什么呢？答案只有一个，是某些象的遗传基础发生了变化。

在任何生物——包括动物和植物——的每一个细胞的细胞核里，都有一些要用显微镜才能看清楚的微小的东西，叫作染色体。前面说过，染色体是一种核蛋白，是核酸和蛋白质的结合体。核酸就是遗传的物质基础，每一个核酸分子上，都含有许多遗传信息。狗生出来的还是狗，鸡生出来的还是鸡，就因为同一种生物的上一代和下一代，绝大多数的遗传信息是相同的。

同样的道理，有的人的血型是A型，他

的核酸分子上有A血型的遗传信息；有的人的血型是B型，他的核酸分子上有B血型的遗传信息。

人的每个细胞的细胞核里，有46个染色体，每一个染色体里都有一个核酸分子，每个核酸分子上又含有许多遗传信息。这许许多多遗传信息，相互联系相互协作，使人长成为一个人。这个人和那个人的遗传信息绝大多数相同，但是也有少数不同，所以有身材不同、相貌不同等的差异。

核酸是分子结构很复杂的化合物。它们跟宇宙间的一切事物一样，也不是一成不变的。如果核酸的分子结构起了变化，遗传信息也就会变化，生物就发生了变异。遗传和变异是一对矛盾。如果没有遗传，物种就不可能稳定下来；如果没有变异，新的物种就不可能产生。

有了变异，达尔文提出的自然选择的规律就发生了作用。在一定的自然环境中，某一种变异对一种生物的生活有利，这种生物就可能生存发展；某一种变异对一种生物生活不利，这种生物就衰退死亡。

长毛古象曾经是一种幸运的动物。在许多年前，西伯利亚的天气还很温和，到处都是森林。在那里可能有两群象，它们彼此隔得很远，跟加拉帕戈斯群岛上的鸟一样发生了变异。其中一群渐渐长出了长毛，另外一群身上仍旧是光秃秃的。在气候温和的年代，两群象都生活得很好。可是后来，气候发生了变化，寒流从

北方袭来，一毛不挂的象只好死掉，而长毛古象却能幸运地生活了好些年代。

人类会停止进化吗

现在让我们再回过头来，看看曾经统治过世界的动物的行列：三叶虫，水蝎，鱼，爬行动物，哺乳动物，最后是人。那么，人是不是世界的最后的统治者呢？人会不会跟历代的统治者一样，把自己的位置让给什么别的动物呢？从另一方面说，人会不会继续进化，变成另一种统治世界的动物呢？或者会不会不再进化，从此停止不前了呢？

在过去的 10 万年内，人的身体没有发生什么显著的变化。可是 10 万年，在这部《生命进行曲》中只占 1/5 秒。我们不能凭这样短

暂的一个镜头，来回答前面提出的那些问题。

但是我们不要忘记，《生命进行曲》已经出现了劳动的旋律。在第一件石器出现之前，《生命进行曲》的主调还完全由大自然来决定。鱼类让位给两栖类，是在池沼开始干涸、陆地上已经有了丰富的食物的年代。爬行类让位给哺乳类，是在天气变得寒冷、高大的羊齿植物死去的年代。有一支古猿下地来生活，是在冰雪从北方袭来、森林逐渐南移的年代。它们都受大自然的支配，毫无办法摆脱自然选择的规律。大自然并无意志，也无目的，它却决定了生物进化的行程，不光是动物如此，植物也包括在内。

人是不是跟其他动物一样，只好听任大自然摆布呢？不。自从造出了第一件石器，人就开始挣脱大自然加在他们身上的锁链。猿人的后代披上了兽皮，发明了摩擦生火的方法，他们就度过了好几次冰期。而跟他们同时代的哺乳动物，有许多种就是在冰天雪地的岁月中先后灭绝的。

在最近这10万年中，人在跟大自然的斗争中取得了一个又一个的胜利。人不但打猎，还开始捕鱼，开辟了一个宽广的食物来源。人不但猎取野兽，还把一些吃草动物豢养起来，这就有了一个大自然里所没有的活的肉库。人不但采集植物的果子和块根，还开始种植庄稼，这就又有了一个大自然里所没有的粮仓。人开始建造房屋，房屋里面是一个自然界所没有的小天地。人开始用植物纤维纺线织布，还开始烧制陶器。人把泥土烧成陶器，就是创造了一种自然界所没有的物品。

当然，最大的变化还是人本身。手越来越灵活了，语言越来越复杂了，脑子越来越聪明了，这都是劳动的成果。人还开始画图，我们都知道，文字是从画图发展起来的。接着，人开始制造铜器，又开始制造铁器。有了先进的工具，人在大自然面前就获得了越来越多的自由。这种自由，是自古以来任何动物都不曾有过的。这种自由，就是人对大自然的认识和对大自然的改造。

人类的未来

从人类出现到现在，随着生产工具的改进，人的生产力不断取得发展，人的社会也跟着发生了变化。在铜器代替了石器的年代里，奴隶社会代替了没有阶级的原始公社；封建社会是差不多跟使用铁器同时开始的；直到近代使用了机器,资本主义社会才代替了封建社会。由奴隶社会开始的几千年来的文明史，就是一部阶级斗争的历史。但是，在漫长的人类历史中，几千年也只是短短的一瞬。

看起来，人是动物进化的最高阶段了。当然，万物皆变，人也不能例外。可是人的变化主要不是在身体方面，而是在生产和科学实验中，不断地取得进展、取得新的胜利。世界上，只有人能够认识客观规律，能够根据客观规律来做出行动的规划，有目的地改造自然、改造社会，并且在改造客观世界的同时，不断地加深对客观世界的认识，增强改造客观世界的能力。